I I

Wetter-Compass.

Reihenfolge des vorhandenen und kommenden Wetters bei Aenderung der Wind und Wolkenzug-Richtung.

I Für den Vorübergang einer Depression und eines Druck-Maximums im Norden von uns.

I I

II II

Wetter-Compass.

Reihenfolge des vorhandenen und kommenden Wetters bei Aenderung der Wind und Wolkenzug-Richtung.

II. Für die Annährung einer Depreſsion aus West und den Vorübergang einer Depreſsion im Süden von uns.

II II

Wetter-Compass.

A. Entstehung des Wetter-Compasses.

Beobachtungen haben ergeben, dass zwischen der Winddrehung und der Witterung innige Beziehungen bestehen; diese werden in Nachstehendem erläutert und sind im Wetter-Compass bildlich und leicht übersichtlich zusammen gestellt.

Der Wetter-Compass ist also ein Schema, welches gewisse Wetterregeln vorführen und deren Anwendung erleichtern soll.

Die gegebenen Regeln sind aus der Beobachtung der Witterungs-Aenderungen gewonnen und erklären sich aus der fortschreitenden Bewegung der Depressionen, Gebiete niedrigen Barometerstandes, und aus Untersuchungen über die Trägheit bewegter Luft. Die bezüglichen theoretischen Erwägungen, welche diese Beziehungen behandeln, sind in den No. 79, 81, 84, 89 und 99 des Jahrganges 1885 der deutschen Bauzeitung zum Abdruck gelangt.

Als eine wesentliche Ursache der Bildung von Wolken und Regen ist die Aenderung der Windrichtung erkannt worden. Dieser Einfluss ist zwar für die Witterungsgestaltung nicht einzig massgebend, aber es ist der Einfluss der Winddrehung doch von grosser Bedeutung und verlohnt es daher, diese gewonnenen Resultate bekannt zu geben.

In einigen wesentlichen Punkten wird jeder Wetterkundige schon aus eigener Erfahrung die Richtigkeit der hier gegebenen Wetterregeln bestätigen können und sich daher vielleicht um so lieber mit dem Gegenstande befassen.

Die folgenden Angaben dürften nun wohl schwerlich Eingang in grössere Kreise gewinnen, wenn dieselben nicht durch bildliche Darstellung unterstützt sein würden. Der Verfasser dieser Zeilen gestattete sich daher, die gewonnenen Erfahrungen in zwei schematische Figuren einzutragen und diese mit dem Namen Wetter-Compass zu belegen.

B. Beschreibung des Wetter-Compasses und der auf demselben angedeuteten Luftdruck-Gebilde.

Bedeutung der Tafeln I und II.

Der Wetter-Compass stellt die Beziehungen des Wetters dar, welche aus der Drehung des Windes sich ergeben.

Erste Tafel.

Von den zwei Tafeln des Wetter-Compasses bezieht sich die erste auf die Hauptdrehung des Windes nach rechts herum, z. B. von Süd nach Süd-West, oder von Nord nach Nord-Ost.

Wir sagen «Rechtsdrehung,» wenn wir uns rechts herum wenden müssen, um den sich drehenden Wind stets im Gesichte zu fühlen.

Westwinde, welche «Rechtsdrehung» ausführen, sind von Regenfall begleitet, dagegen geben Ostwinde gerade bei stattfindender Rechtsdrehung heiteres Wetter.

Rechtsdrehende Winde sind folgende: Winde, welche sich von Süd nach Südwest, von Südwest nach West, desgleichen von West nach Nordwest, von Nordwest nach Nord, weiter von Nord nach Nordost, von Nordost nach Ost und endlich von Ost nach Südost und von Südost nach Süd drehen. Auf Tafel I ist dargestellt, von welchem Wetter eine solche Rechtsdrehung des Windes begleitet ist. Tafel I ist durch die Ziffer I gekennzeichnet, welche mehrfach in den Ecken angebracht ist.

Zweite Tafel.

Die zweite Tafel bezieht sich auf die Linksdrehung des Windes; dieselbe wirkt der Rechtsdrehung entgegengesetzt und giebt bei Westwind, der sich in Süd verwandelt, gutes und bei Ostwind, der sich in Nord verwandelt, schlechtes Wetter.

Linksdrehende Winde sind folgende: Winde, welche sich von Süd in Südost und Ost, ferner von Ost in Nordost und Nord und von Nord in Nordwest und West, wie von West in Südwest und Süd verwandeln. Tafel II stellt dar, von welchem Wetter eine solche Linksdrehung des Windes begleitet ist. Die Tafel II ist gekennzeichnet durch die mehrfach in den Ecken angebrachte Ziffer II.

Zeichnungen und Angaben im Wetter-Compass.

In den oliv-grün-farbigen Eckfeldern der Tafeln ist die Drehung des Windes notirt und daselbst durch Pfeile hervorgehoben.

In dem violett gezeichneten, grössten Ringe ist angegeben, wie das Barometer bei der Drehung des Windes gewöhnlich steigt und fällt.

Der gelbe Ring der Tafel enthält die Angaben der Himmels- und Wind-Richtungen. Hierbei ist zu beachten, dass die Windrichtung immer radial, vom Kreise nach dem Mittelpunkt des Wetter-Compasses gehend, gedacht ist; also in der Weise, wie dies durch die kleinen Wetterfähnchen auf den skizzirten Häuschen angedeutet worden ist.

Der breite farbige Ring mit der Darstellung von blauem Himmel, wie gelben und grauen Wolken bietet das Bild des aufeinanderfolgenden Wetters, so wie sich dasselbe der Reihe nach ergiebt, wenn der Wind sich in dem Sinne dreht, wie die bezügliche Tafel voraussetzt und wenn der Wind diejenige Richtung besitzt, die neben dem bildlich dargestellten Wetter gerade auf dem anstossenden Theil des gelben Ringes verzeichnet ist. Bei Drehung rechts herum ist Tafel I, bei Drehung links herum Tafel II zu benutzen.

Es wende sich z. B. der Wind von Südost nach Süd, das ist Rechtsdrehung, also ist das dazugehörende Wetter auf Tafel I zu verfolgen. Dort finden wir verzeichnet, dass bei Südwind und fallendem Barometer Cirrusbewölkung eintritt und bei der Wendung des Windes nach Südsüdwest schon dichtes Gewölk den Himmel bezieht und der Regen alsbald beginnt; denn neben der auf dem gelben Ringe stehenden Richtung Südsüdwest und Südwest, ist auf dem breiten Wetterringe Regen-Gewölk gezeichnet. In ähnlicher Weise ist für jede Windrichtung und Richtungs-Aenderung das dazu gehörende Wetter daneben notirt.

Auf Tafel I findet sich die Reihenfolge des bei Rechtsdrehung des Windes eintretenden Wetters, wie folgt, hervorgehoben. Bei Uebergang des Windes von Nord in Nordost, in Ost und Südost ist es heiter, bei Südost oder Süd stellen sich die höchsten Wolken, Cirruswolken ein, welche in Fäden und Streifen mit gelblicher, oder weisser Färbung am Himmel sich zeigen und auch Windbäume oder Federwolken genannt werden. Dieser höchsten Wolkenart folgen in 5 bis 15 Stunden Schäfchen, dann grob getheiltes Gewölk, welches nicht ganz so hoch schwebt, und später, wenn der Wind sich über Süd, nach Südsüdwest und Südwest dreht, entwickelt sich das tief schwebende schwere Regengewölk, dessen Formen in weichen Umrissen mit rundlichen Köpfen sich nur mattgrau von der bleifarbigen übrigen Wolkendecke abheben. Längere Zeit anhaltender Regen folgt, wenn das dem Regen kurz voraufgehende Gewölk Streifen in weichen Umrissen bildet, deren Längenerstreckung quer zur Zugrichtung der Wolken sich dehnt. Rundlich geformte Wolken, in denen die quer gezogenen Linien ganz fehlen, geben dagegen nur einen Regen von kurzer Dauer.

Ohne Unterbrechung wird der Landregen fallen, solange der Wind und Wolkenzug die Richtung stetig gegen West und Nordwest ändert. Gewöhnlich hört die stetige Richtungs-Aenderung aber auf, wenn der Wind nach West umgeschlagen ist, die Wolken theilen sich und Regenschauer stellen sich ein, wenn der Wind ruckweise die fernere Wendung ausführt. Doch kommt es auch vor, dass der Wind bis zur Richtung Nord ohne Unterbrechung sich wendet, wobei trübes Wetter mit Regenfällen, zuletzt mit Staubregen während dieser Zeitdauer sich ergiebt. Hierdurch ist dann aber gekennzeichnet, dass am folgenden Tage resp. schon am selben Tage nun heiteres, schönes Wetter sich einstellen werde; denn es sind doch nur zwei Fälle vorhanden, der Wind kann von Nord am folgenden Tage nach Ost umschlagen, oder nach West zurückgehen und beide Windänderungen sind von heiterem Himmel begleitet; denn sowohl Tafel I besagt, Rechtsdrehung von Nord nach Ost giebt hellen Himmel, als auch Tafel II kennzeichnet: «Linkswendung des Windes von Nord nach West giebt trockenes, vorwiegend heiteres Wetter.»

Während die völlige Wendung des Windes bis Nord, für den folgenden Tag gutes Wetter verspricht, lässt eine unvollkommene Richtungs-Aenderung bis West- oder Nordwest eine Wiederholung von Wind und Regen erwarten.

Wenn ein Regenwetter vorübergezogen und dabei der Wind bei steigendem Barometer nach West resp. Nordwest umgeschlagen ist und nun der Himmel trotz des frisch, oder stark wehenden Windes vorwiegend heiter erscheint, dann ist hierdurch gekennzeichnet, dass in der Region der Wolken schon Rückwärtsdrehung, Linksdrehung, beginnt, und demnächst wieder der Wind aus mehr südlicher Richtung wehen wird. Sechs oder zwölf Stunden hindurch wird das helle Wetter noch anhalten, und auch der Wind an Stärke abnehmen. Sobald dann aber das Barometer fällt, wird wieder Rechtsdrehung bei wachsendem Winde folgen und sich zur Bildung neuer Wolkenmassen Veranlassung bieten. Also ergiebt sich das unbeständige Wetter bei dem Vorübergang aufeinanderfolgender Depressionen.

Auf Tafel II ist dargethan, wie bei windigem Wetter der Uebergang des Windes von Südost, nach Ost und Nordost zu Regenfällen führt. Zuweilen ergiebt sich nur Trübung des Himmels, doch kann auch bisweilen im Sommer bei Gewitter-Luft und zumal wenn das Barometer stark gefallen ist, die Richtungs-Aenderung des Windes von Südost in Nordost zu schwerem Regenfall führen.

Im Allgemeinen bringt die Linksdrehung des Windes über Ost nicht so viel Regen, als die Rechtsdrehung über West. Die Linksschwenkung verläuft auch meist ruhiger und vollzieht sich oft bei steigendem Barometer, so dass nach den trüben Tagen etwas helleres Wetter folgt.

In Obigem ist nur von trockenem Wetter oder Regenfall gesprochen. Statt des Regens fällt der Niederschlag in Form von Schnee, wenn die Temperatur gleich, oder niedriger als 2 bis 3 Grad Reaumur sich stellt. Wenn das Barometer bei Südost-Wind sinkt, kann auch bei kälterer Luft Regen fallen, dann weht in der Höhe ein warmer südwestlicher Wind. Graupeln giebt es zumal im März und April, wenn der Wind aus West oder Nordwest bläst und die Morgen-Temperatur sich unter 5 Grad Reaumur hält. Die Hagelwolke ist ein Ballengewölk mit glänzenden Köpfen. Auch im Sommer fällt Hagel, dessen Korn im Gegensatz zu den Graupeln, welche aus Schnee und Eisrinden bestehen, aus festem Eise gebildet ist. Gefahr auf Hagelfall stellt sich ein, wenn im Sommer das Barometer bei vorwiegend heiterem Himmel gefallen ist, Cirruswolken aus südlicher bis westlicher Richtung erscheinen und von Gewitter begleitet der Wind eine schnelle Wendung von Süd nach West vollführt.

Die centrale Kreisfigur im Wetter-Compass.

Inmitten der Tafeln sind auf der geographischen Karte Mitteleuropas Linien gleichen Druckes gezeichnet, welche die verschiedenen Barometerstände angeben, wie sie gleichzeitig an einem Morgen um 8 Uhr früh abgelesen worden sind.

Auf Tafel I ist ein Beispiel für die gewöhnlich bei Rechtsdrehung des Windes vorhandene Druckvertheilung gegeben. Es sind die gebogenen schwarzen Striche die Verbindungslinien derjenigen Orte, welche zur selben Stunde gleichen Barometerstand (Luftdruck) besitzen. Die Linien werden Isobaren genannt. Die täglich erscheinenden Wetterkarten der Seewarte heben die Linien des mittleren Druckes von 760 Millimeter Barometerstand durch eine fette Linie hervor. Von da ab bedeutet jede folgende Linie, gegen den hohen Druck zu, 5 Millimeter

höheren Druck. Also längs der nach der fetten Linie nächstfolgenden Isobarenlinie herrscht überall 765, dann auf der folgenden Linie 770, zwischen beiden Linien finden sich die Uebergänge von 765 zu 770. Im Raume, wo das «**H**» des Wortes «**Hoch**» gedruckt ist, findet sich 775 Millimeter Luftdruck, resp. Barometerstand. Desgleichen heben die Wetterkarten die Orte, wo niedrigerer Druck herrscht «als 760», durch punktirte Linien hervor; auch hier ist von Linie zu Linie 5 Millimeter Differenz, so dass nach der fetten Linie die erste punktirte Linie 755 Millimeter Druck, die folgende 750 und der centrale Theil, in der kleinen Kreisfigur unter dem Worte «**Tief**» 745 Millimeter Barometerstand aufweist.

Das Gebilde niederen Druckes nennt man «Depression» oder «Tief»; das Gebilde hohen Drucks «Maximum» oder »Hoch».

Die Winde wehen stets von den Gebieten hohen Drucks nach den Tiefs, dieselben erleiden aber stets eine Ablenkung nach rechts durch die Drehung der Erde um die Achse, welche sich ja immer in 24 Stunden einmal vollzieht. Der Wind, welcher also z. B. im Süden des Tiefs nach dem Tief also nach Nord hinstrebt und also, von Süden kommend, Südwind sein müsste, schwenkt durch die Centrifugalkraft der sich um den Pol drehenden Erde halbrechts ab und weht als Südwest-Wind. Ebenso weht im Westen der Depression nicht West, sondern Nordwest-, im Norden weht Nordost- und im Osten der Depression Südost-Wind. Dazwischen liegen die anderen Winde, z. B. im Nordwesten einer Depression Nordwind.

Die hier auf Tafel I gezeichnete Depression bewegt sich etwa mit der Geschwindigkeit eines Güterzuges in Richtung des roth gezeichneten Pfeiles nach Ostnordost vorwärts. Der Ort der Beobachtung ist durch einen rothen Punkt mit umgebendem Kreis auf der kleinen Länderkarte markirt. Bei der gezeichneten Position der Druckvertheilung herrscht am roth gezeichneten Beobachtungsorte Südwind und vorherrschend heiterer Himmel, meistens mit aus Süd oder Südwest, resp. aus West heraufziehenden Cirrus-Wolken Da das Tief aber vorwärts schreitet, gelangt das Tief bald in eine andere mehr nördlich resp. nordöstlich vom Beobachter befindliche Lage. Der Wind, welcher dem Tief zustrebt, folgt dieser Wendung und verwandelt sich von Süd- in Südwest und Westwind. Dies ist der Zeitpunkt, wann der Himmel sich mit schweren Wolken bedeckt und der Regen beginnt.

Die Depressionen (Tiefs) veranlassen aus mehreren Ursachen Regen und schlechtes Wetter. Erstens ist in der Nähe derselben stets der Wind stärker als in den Gebieten hohen Drucks, und zweitens schreiten die Depressionen schnell vorwärts. Es werden also an den Orten, wo Depressionen vorüberziehen, die Winde sehr oft und stark hin- und herschwanken und bei ihrer Wendung von Süd in West und Nord, oder von Süd in Ost und Nord Regen verursachen, wie auch bei dem Zurückdrehen von Nord nach Süd zur Entstehung hellen Himmels zeitweise Veranlassung geben.

Die Gebiete hohen Drucks verharren mehr an einem Orte, wo dieselben entstehen und später vergehen. Die Winde sind dort schwächer und von mehr gleichbleibender Richtung, so dass zur Regenbildung dort weniger Veranlassung geboten ist

Hinzugefügt sei jedoch, dass die Wendung des Windes nicht einzig massgebend für die Entstehung des Regens ist, sondern, dass dieselbe hier nur als eine Hauptveranlassung hervorgehoben wird.

Auf Tafel II ist ein Beispiel für die Wanderung einer Depression, von England kommend, nach Frankreich und Italien gegeben, unter Zugrundelegung des besonderen Falles, wo nach dem Vorrücken der Depression nach Südost im Norden des Beobachters, also in der Ostsee, über Dänemark und auch in Deutschland ein Gebiet hohen Drucks sich in etwa 2 Tagen entwickelte. Dabei wendet sich der Wind am Orte des Beobachters von Südsüdwest nach Süd bei heiterem Himmel und dann nach Ost bei trüber Luft.

Zu den anderen, mannigfaltigen Richtungs-Aenderungen des Windes und Wetter-Combinationen gehören stets besondere Arten der Druck-Vertheilung, sei es rückläufige Bewegung von Depressionen, also Depressionen, welche von Ost nach West ziehen, sei es die Entstehung von Theil-Depressionen, Randgebilden, sei es ein Abrücken der alten und Herannahen einer neuen Depression etc. Für alle diese möglichen Fälle ist deren Wirkung auf das Wetter, soweit solche durch die Richtungs-Aenderung des Windes herbeigeführt wird, aus dem Wetter-Compass zu entnehmen. Die Richtungs-Aenderung des Windes selbst, welche die Grundlage für die Schlussfolgerungen bildet, ist durch Beobachtungen zu finden und ist am Wetter-Compass abzulesen, was für Wetter alsdann wohl folgen werde.

Wetter-Prognose durch Centralstationen.

Die Vorausbestimmung der Witterung durch meteorologische Institute gründet sich zumal auf einem Depeschen-Wechsel mit den Ländern eines Welttheiles. Durch die telegraphischen Mittheilungen sind die Centralstationen in den Stand gesetzt, die Zugbahn eventuell vorhandener Depressionen und die Entwickelung von Gebieten hohen Drucks zu verfolgen. Es wird angenommen, dass jene Orte von schlechtem Wetter betroffen werden, welche, in der Verlängerung der

Bahnlinie liegend, von der herannahenden Depression am folgenden Tage berührt werden dürften; während für die Orte, wo der hohe Druck sich ausbildet, gutes Wetter voraus gesagt wird.

Durch Hinzufügung der hier gegebenen Regeln, welche besagen, dass eine Depression vorzugsweise dort Regen bringt, wo durch sie die Windrichtung in gewisser, hier besprochener Weise eine Aenderung erfährt, dass aber trotz des Vorüberganges einer Depression das Wetter recht trocken bleiben kann, wenn die Windrichtung eine andere ist, wird auch die Vorausbestimmung der Witterung durch Centralstationen an Genauigkeit ferner gewinnen können.

Besonders aber dient die Kenntniss der Beziehung zwischen Wetter und Wind demjenigen, welcher die Angaben der Centralstation benutzen will und sich darüber ein Urtheil zu bilden hat, in wie weit das gestern gemeldete Wetter heute schon zur Entwickelung gelangt ist, ob z. B. ein angesagtes Regenwetter schon in der Frühe vorbeigegangen, oder ob dasselbe noch zu erwarten sei, etc.

Die Kenntniss des normalen Witterungs-Verlaufes trägt wesentlich dazu bei, die Angaben und Prognosen der Centralstationen allgemein verständlicher und daher nutzbringender zu machen.

C. Gebrauchsanweisung.

Die Benutzung des Wetter-Compasses ergiebt sich aus Vorstehendem von selbst. Wir untersuchen die Richtung des Windes an der Wetterfahne, am Rauche der Schornsteine, oder indem wir uns den Wind gerade ins Gesicht wehen lassen und den Kopf etwas links, dann rechts und wieder geradeaus wenden, um zu fühlen, dass keine Seite vom Winde stärker gestreift wird als die andere, und dass also der Wind nun wirklich bei der Mittelstellung des Kopfes das Gesicht gerade von vorne trifft. Ist dies gethan, nimmt man den Wetter-Compass zur Hand und hält denselben so, dass die Nordnadel des Wetter-Compasses nach Norden zeigt resp. die Linie für die Magnet-Nadel der Nadel eines magnetischen Compasses entspricht. Alsdann ist man orientirt und benutzt nun jene Ecke, resp. denjenigen Randtheil des Wetter-Compasses, daher der Wind bläst. Kommt der Wind z. B. aus Südost, dann hat man an der Ecke rechts unten abzulesen; kommt der Wind aus Nord, benutzt man den oberen Theil resp. oberen Kreis-Ausschnitt des Wetter-Compasses u. s. w., wie dies ja auch daraus hervorgeht, dass an jenen Stellen die bezügliche genannte Windrichtung gedruckt angegeben und durch die Wetterfähnchen hervorgehoben ist.

Durch Beobachtungen, welche wir in Zwischenräumen von 1 bis 2 Stunden ausführen, können wir nun erkennen, ob der Wind sich dreht, ob er sich schnell oder langsam dreht, und namentlich auch wie er sich dreht, nämlich nach der rechten oder linken Hand herum (angenommen der Wind bläst dem Beobachter in's Gesicht). Darnach ist nun die Wahl der Tafeln I u. II zu treffen. Tafel I gilt für die Drehungen rechts herum, Tafel II benutzt man, wenn der Wind sich nach der linken Hand wendet. Auch bietet der Zug der Wolken Anhalt zur Beurtheilung, wohin sich der Wind wenden wird. Ziehen in mittelhohen Schichten die Wolken erheblich aus einer Richtung, welche nach rechts abweicht, gegen die Richtung des Windes, dann wird sich der Wind nach rechts wenden. Ziehen die Wolken mittlerer Höhe ebenso wie der Wind bläst, dann wendet sich der Wind gerne links herum. Auch an der Stärke der Bewölkung können wir sehen, wie der Wind sich z. Z. dreht. Ist z. B. Südost-Wind und finden wir den Himmel meist heiter, so können wir an sich schon annehmen, dass Tafel I zu benutzen ist, denn Tafel I zeigt bei Südost-Wind, also im Kreis-Ausschnitt rechts unten, heiteren Himmel und das stimmt ja, während Tafel II entgegengesetzt bewölkten Himmel zeigt. Es ist also Tafel I z. B. zu verwerthen. Tafel I besagt dann: «Der Wind dreht sich rechts herum, (dies steht ja gedruckt in den Ecken) also jetzt von Südost nach Süd bei hellem Wetter und ferner, wenn die Richtung Süd überschritten ist, nach Südwest und West bei Regenwetter. Ist die Richtungsänderung von Südost nach Süd langsam, ziehen in der Höhe keine Cirruswolken schnell aus südlicher Richtung heran, so kann man annehmen, dass sich das Wetter noch einen Tag hält und der Wind, auch ferner langsam weiterdrehend, die Richtung Südwest erst spät erreicht. Wenn dagegen der Südost-Wind lebhaft bläst, in der Höhe Cirruswolken schnell aus südlicher Richtung ziehen und das Barometer gar stark fällt, dann kann man sicher annehmen, dass der Südost-Wind in einigen Stunden bei vorwiegend heiterem Wetter in Süd und dann sehr bald bei bewölktem Himmel in Südwest umschlagen und dabei Regen und im Sommer Gewitter bringen wird, wie dies der Wetter-Compass Tafel I zeigt.

Als ein anderes Beispiel sei leichter Nord und meist helles, klares Wetter gegeben. Das Barometer stehe hoch und steige etwas. Keine Cirruswolken sind vorhanden. Der Wind war Tags zuvor Nordwest, hat sich also nach Nord, somit nach rechts herum gewendet, so dass Tafel I in Frage kommt; dann ist zu erwarten, dass der Wind auch ferner die Wendung rechtsherum verfolgen und, wie Tafel I besagt, bei dem Uebergang von Nord in Nordost, Ost und Südost zwei oder mehrere Tage hindurch schönes heiteres Wetter folgen wird. Erst wenn die Richtung Südost erreicht ist und der Wind an Stärke zunimmt, wird die beständige Witterung dahin sein, denn schon geringer Barometerfall und das Erscheinen von Cirruswolken führt alsdann bald zum Uebergang des Windes zu Süd und Südwest, womit der Beginn einer Periode trüben Wetters wieder gekennzeichnet ist.

Ein anderes Beispiel sei dieses. Frischer Ostwind weht, es ist ganz bewölkt, das Barometer zeigt keine Schwankung von Bedeutung und steht ziemlich hoch. Tafel I hat bei Ostwind heiteren Himmel, passt für diesen Fall also nicht. Tafel II hat bei Ostwind bewölkten Himmel, Tafel II ist also diesmal zu verwenden. Die Tafel gilt, wie in den Ecken gedruckt ist, für Linkswendung des Windes. Daraus folgt, dass der Wind z. Zeit die Neigung hat links herum zu wandern, also in Nordost-Wind sich zu verkehren, wobei etwas Regen fallen kann. Dieser Regen wird, da das Barometer hoch steht, von keiner grossen Bedeutung sein, er wird auch aufhören, wenn die Wind-Richtung eine fast nördliche geworden ist.

In einem anderen Fall sei der Wind Nordwest, der Himmel fast ganz heiter, das Barometer möge etwas fallen. Heiterer Himmel und Nordwest-Wind besagt, es ist nicht Tafel I, sondern Tafel II zu benutzen, welches für Linksdrehung gilt. Die Linksdrehung giebt aber für den ganzen Halbkreis von Nord bis Süd heiteres Wetter und kann daher an jenem Tage kein Regen erwartet werden. Doch ist es Erfahrungssache, dass dann, weil das Barometer fällt, am folgenden Tage der Wind sich entgegengesetzt von West resp. Südwest wieder zurück nach Nordwest wenden wird und dabei als rechtsdrehender Wind nach Tafel I an jenem folgenden Tage Regenwetter bedingen muss. Man erkennt aus Obigem, dass ohne besondere Wetterkenntniss und Wetter-Erfahrung des Beobachters, der Wetter-Compass demselben schon ganz schöne Anleitung bietet, um das Wetter für den laufenden Tag zu beurtheilen und dieses von dem Wetter-Compass und den Wind-Verhältnissen, sowie von dem Barometer-Gang abzuleiten. Der Wetter-Compass kann also Jedwedem von Nutzen sein und zumal die Wetter-Beobachtungen zu einer interessanten Sache gestalten, weil durch das Schema das Wirrsal der Erscheinungen in ein verhältnissmässig einfaches System gebracht ist.

Der Beobachter wird aber zugleich den Wunsch hegen, nicht allein für heute Beobachtungen und Schlüsse auszuführen, sondern dieselben auch auf den nächsten, oder thunlichst auf mehrere Tage auszudehnen: deshalb sind in dem zweitfolgenden Abschnitt E Wetterregeln gegeben, welche aus sorgfältig zu Berlin, Flensburg und Hamburg angestellten Beobachtungen abgeleitet worden sind.

D. Zusammenstellung der Beobachtungs-Resultate für die Wind-Drehung und das Wetter.

Nachdem der Leser in die Bedeutung und Gebrauchs-Weise des Wetter-Compasses eingeführt worden ist, darf eine wiederholende Zusammenstellung der bei Drehung des Windes eintretenden Wetter-Erscheinungen geboten erscheinen.

1. Es hat sich gezeigt, dass die Drehung des Windes, von Süd ausgehend, sei es nach rechts oder links herum, also nach West oder Ost, zur Bildung von Wolken und Regen- oder Schnee-Fällen Veranlassung giebt. So lange der Wind von Süd nach West und Nord, oder von Süd nach Ost und Nord sich wendet, bleibt der Himmel vorwiegend bewölkt; auch fallen alsdann wiederholt Niederschläge.
2. Es hat sich ferner gezeigt, dass vorwiegend heiterer Himmel und trockenes Wetter eintritt, während der Wind von Nord nach Süd sich wendet. Es ist im Allgemeinen einerlei, ob die Drehung über West oder Ost geschieht, ob also der Wind von Nord nach Nordwest, West, Südwest und Süd, oder von Nord nach Nordost, Ost, Südost und Süd sich wendet.
3. Da der Wind nur selten ganz von Süd nach Nord oder von Nord nach Süd sich dreht, sondern zum Beispiel von Süd nach West springt, dann von West zurück nach Südwest und darauf wieder vorwärts nach West und Nordwest sich wendet, so ist der Einfluss der Winddrehung auf die Witterung ein oft schnell wechselnder; denn während der Wind von Süd nach West umschlägt, entstehen Wolken, eventuell Regen oder Schnee, wie unter 1 angegeben wurde, und dann, wenn der Wind nun nicht in gleichem Sinne sich weiter dreht, sondern nach Südwest zurückgeht, klart der Himmel auf, wie dies unter 2 angedeutet ist. Hört dies Zurückdrehen auf und wendet sich der Wind wieder vorwärts nach West und Nordwest, dann stellt sich das Regenwetter wieder ein.
4. Wiewohl mitgetheilt ist, dass die Drehung des Windes über Ost oder West zu symmetrischen Resultaten führt, so bestehen

doch Unterschiede in der Wirkung, denn die Drehung des Windes von Süd nach West führt sicherer zur Wolkenbildung und zum Regenfall als die Drehung des Windes von Süd gegen Ost und Nord, dagegen bringt die Drehung von Nord nach Ost und Süd wohl ohne Ausnahme heiteres Wetter hervor, während die Winddrehung von Nord nach West und Süd zwar stets ein Aufhellen des Himmels veranlasst, nur selten aber von wolkenlosem Himmel begleitet ist.

5. Ausnahmen von den angeführten Regeln kommen z. B. insofern vor, als nach grosser Kälte im Winter der Eintritt des Schneewetters oder Regenfalls sich verzögert und erst beginnt, wenn die Drehung des Windes schon weit vorgeschritten ist. Ebenfalls bricht bei der Wendung des Windes von West nach Nordwest und Nord die Wolkendecke alsdann frühzeitig, wenn der nördliche Wind kalte Luft zuführt, welche sich nicht zur Wolkenbildung eignet, wiewohl die Winddrehung von West nach Nordwest und Nord die Wolkenbildung begünstigen will.

6. Es wird der Einfachheit halber hierselbst stets von der Drehung des Windes gesprochen, während hingegen eigentlich jede Luft- und Wolken-Schicht anderer Höhe eine besondere Drehung ausführt, so dass hierdurch eine Verzwickung der Verhältnisse entsteht, die aber nur selten den Gang der Verhältnisse wesentlich stört, da doch zumal die Drehungsänderung der Bewegung der unteren Luftschichten Bewölkung und Niederschläge direkt veranlasst und die Drehung der Zugrichtung der unteren Wolken der Drehung des Windes ziemlich genau entspricht.

7. Da das kommende Wetter auch durch das Barometer angezeigt wird, so sind die obigen Regeln mit der Beobachtung des Barometers zu verbinden und wird natürlich das heftigste Unwetter nachfolgen, wenn die Winddrehung bei starkem Südost-Winde nach Süd sich wendet und zugleich das Barometer schnell fällt, dann entsteht schweres Gewölk und im Sommer Gewitter, sobald die Windrichtung resp. der Zug der unteren Wolken von der Richtung Süd in die Zugrichtung Südwest und West übergeht. Umgekehrt wird das hellste Wetter erzeugt, wenn der Nordwind in Nordostwind übergeht und das Barometer noch steigt.

8. Bei sehr hohem, wenig veränderlichem Barometerstande kann eine Drehung des Windes von Süd nach West und Nordwest zuweilen nur zu schwacher Trübung des Himmels Veranlassung geben, während dieselbe Winddrehung bei tiefem Stande des Barometers starke Niederschläge gebracht haben würde.

E. Wetter-Regeln.

Zur Beurtheilung des vorhandenen und kommenden Wetters dienen zumal Beobachtungen:

am Barometer über Gang und Stand desselben,
an den Wolken über Zugrichtung und Art derselben und
die Beobachtung des Windes über die Windrichtung, Aenderung der Richtung, wie Windstärke.

Das Barometer dient dazu, die über dem Beobachtungsort angehäufte Luftmasse zu messen. Die gesammte Masse des Luftmeeres, bis an die Grenzen der Atmosphäre gerechnet, wiegt im Mittel soviel wie ein Quecksilbermeer von nur 760 Millimeter resp. etwa $^3/_4$ Meter Tiefe; daher hält das Quecksilber im Rohre des Barometers dem äusseren Luftdruck das Gleichgewicht, und kann jedes Zu- und Abfliessen von Luft in der Höhe am Barometer durch das Steigen und Fallen des Quecksilbers gemessen werden.

Im Aneroïdbarometer ist das Quecksilbergewicht durch Federkraft ersetzt.

Wolken.

Wir haben zu unterscheiden: Oberwolken, Mittelwolken, Unterwolken.

Oberwolken sind zu Fäden aufgelöste Cirruswolken, auch Windbäume genannt, ferner Teppichwolken und Schäfchen von regelmässig getheilter Form und weisser Färbung.

Mittelwolken sind unregelmässig getheilte Schäfchen von grauer Färbung, grob getheiltes Gewölk und buntfarbige Ballenwolken.

Unterwolken sind tiefgehende, in den Conturen zusammenlaufende tiefschwebende Wolkengebilde oder Wolkenfetzen.

Bei dem Herrannahen eines grösseren Regenwetters verschwinden die etwa vorhandenen Unterwolken zunächst fast ganz. Der Himmel bedeckt sich mit Obergewölk, mit Cirruswolken oder Schäfchen, später darunter folgen nach 5 bis 12 Stunden Mittelwolken, aus welchen der Regen zu fallen beginnt und zu denen sich nun auch Unterwolken gesellen.

Cirruswolken, welche Regen im Gefolge haben, tauchen am Himmel in ziemlich geschlossener Masse auf, zeigen vorne einen Rand, welcher sich annähernd senkrecht zur Zugrichtung der Wolken erstreckt und die Grenze zwischen dem wässerig-mattblauen, theilweise heiteren Himmel und dem neu emporziehenden Schleier des Cirrusgewölkes bildet. Diese Cirruswolken sind oft unscheinbar, da sie mattweisse Färbung und verwaschene weiche Formen besitzen. Die Bewegung ist eine schnelle, wenn windiges Wetter folgt; doch kann das Auge des Beobachters oft nur mit Mühe die Bewegungs-Richtung dieser auf Regen deutenden Wolken erkennen, da die Wolken oft aus einem zu blassen Gewebe von Fädchen und Schleiern bestehen.

Verdichten sich die Cirruswolken zu grauem Gewölk, dann kann man noch längere Zeit den Ort am Himmel, da die Sonne steht, als hellen Fleck erkennen; denn Cirruswolken sind sowohl für Licht- als Wärmestrahlen durchlässiger als anderes Gewölk.

Im Gegensatz hierzu steht das Erscheinen von einzelnen scharf begrenzten Cirrus-Fackeln und Bändern, welche so deutlich sich vom klaren Blau des Himmels abheben, dass ein Jeder sie sofort erblickt. Diese Wolken sind nicht Anzeichen von kommendem schlechten Wetter, wofern sie nicht sehr schnell ziehen, oder bei fallendem Barometer und windigem Wetter erscheinen.

Zieht 12 Stunden hindurch Cirrusgewölk, aus West kommend, dem Süd-Horizont entlang, den Nord freilassend, dann ist Ostwind zu erwarten.

Im Winter bringt der Zug der Cirruswolken aus Südwest, West und Nordwest fast ausnahmslos Regen und Wind.

Im Sommer ist die Zugrichtung aus Südost, Süd und Südwest bis West diejenige, welche am häufigsten Regenfall im Gefolge hat.

Bestimmte Wetter-Anzeichen.

Barometer, Wolken und Wind deuten alle 3 gemeinsam auf denselben Witterungs-Charakter, so dass ohne Zweifel ein sicheres Resultat gezogen werden kann.

1. Bestimmte Anzeichen für gutes Wetter.

Hoher Barometerstand, Barometer etwas steigend. Heiterer Himmel resp. ein wenig Bewölkung durch grob getheilte Mittelwolken, keine Cirruswolken vorhanden, keine Unterwolken vorhanden. Mässiger oder leichter Wind abnehmender Stärke, zumal wenn derselbe sich von Nordwest nach Nord und Nordost in Ost wendet.

Die Witterung bleibt dann mehrere Tage trocken, bei vorwiegend resp. theilweise heiterem Himmel und ruhiger Luft. Im Sommer wird es alsdann warm, im Winter stellt sich strenger Frost ein.

Der Uebergang zu hohem Luftdruck vollzieht sich oft bei wolkigem, rauhem Regenwetter, meistens alsdann bei der Wendung des Windes von Nordwest nach Nord.

confer 1. Beispiel für kommendes gutes Wetter.

Am Sonntag, den 2. Mai 1886 stieg in Hamburg das Barometer auf 770^{mm} über den normalen Stand und blieb auch noch fortgesetzt im Steigen. Tags zuvor wehte kühler Nordwest bei veränderlicher Bewölkung, Cirruswolken hatten sich am Nachmittage zeitweise im Nordwesten gezeigt. In der Nacht wendete sich der Wind nach Nord und wehte am Sonntage kalt, mit fast stürmischer Gewalt. Ballenschicht-Wolken bedeckten zeitweise den Himmel ganz und sandten am Morgen und am Nachmittage je einen Regen-Schauer, mit Hagel gemischt, herab. Das Wetter zeigte einen sehr unfreundlichen Charakter. Es folgte vom Montag ab, bis zum Sonnabend spät, die ganze Woche hindurch heiteres, zeitweise wolkenloses, schönes Wetter, bei meist nordöstlichem Winde und steigender Temperatur.

In diesem Beispiel vereinigten sich alle Anzeichen auf kommendes gutes Wetter. Hoher Stand des Barometers, starkes Steigen desselben, Bewölkung durch Wolken mittlerer Höhe, Cirruswolken nicht vorhanden, dagegen lebhafter von Nordwest nach Nord und Nordost umgehender Wind.

Das hier beschriebene Wetter entspricht der Ausbildung eines Gebietes hohen Druckes am Orte des Beobachters im Rücken einer nach Ost abziehenden Depression. In jenen Tagen entstand das Gebiet hohen Druckes in Südfrankreich, der Nordsee, West-Deutschland, Dänemark und Süd-Skandinavien.

2. Bestimmte Anzeichen für schlechtes Wetter.

Fallendes Barometer bei mittlerem Stande. Je schneller das Barometer fällt, desto schlimmer ist das zu erwartende Wetter.

Cirruswolken ziehen am Himmel schnell aus südlicher resp. westlicher Richtung empor. Grob getheilte Mittelwolken sind nicht zu sehen. Untergewölk oder Nebel war vor dem Erscheinen der Cirruswolken und vor beginnendem Barometerfall respective am Morgen in der Frühe vorhanden, wodurch sich gezeigt hat, dass die Luft feucht ist.

Lebhafter, oder starker südlicher Wind, z. B. Südost, Süd oder Südwest bläst mit wachsender Stärke, so lange der Himmel nur Cirrusgewölk zeigt.

Alsdann folgt noch an demselben Tage, z. B. am Spätnachmittage oder Abend starker Regen, im Sommer schwerstes Gewitter. Der Regen setzt 1/2 oder 1 Stunde nach dem ersten Erscheinen der zum Regenwetter gehörenden Mittel- und Unterwolken ein. Der Wind nimmt an Stärke ab, oft folgt während des Regens gar Windstille, weil der Wind, seine Richtung ändernd, schräge aufwärts fährt und den Erdboden nicht mehr berührt.

Beispiel für einen Wolkenbruch nebst schwerem Gewitter.

Am 3. September 1884 fiel in Hamburg das Barometer von 6 Uhr Morgens bis 6 Uhr Abends 5 Millimeter, in der Frühe war etwas Regen gefallen, am Tage zuvor hatte sich gegen Abend ein Gewitter entladen. Der Himmel klarte im Laufe des Tages auf, der leichte Wind wendete sich von Südwest nach Südost, Abends war es windstill. Am Morgen des 4. September wehte ein frischer Südost-Wind, zugleich zogen Cirruswolken schnell aus südöstlicher, hernach südlicher Richtung am Himmel empor. Das Barometer war um 6 Uhr früh auf 748^{mm}, am Mittage auf 745^{mm}, also 10^{mm} seit dem Morgen des voraufgehenden Tages, gefallen. Man konnte die Luft am Mittage als mässig warm bezeichnen, der Südwind wehte fast stürmisch und der Himmel bedeckte sich völlig mit dem aus Süd ziehenden Cirrusgewölk. Um 3 Uhr Nachmittags erreichte das Barometer den tiefsten Stand, der Wind war verschwunden, unter dem mattfarbigen Cirrusschleier zeigten sich lose Unterwolken. Um 4$^{3}/_{4}$ Uhr begann der erste Regen zu fallen, zugleich blitzte und donnerte es. Von 5 bis 6 Uhr entlud sich darauf bei wolkenbruchartigem Regen ein äusserst starkes Gewitter. Zeitweise wehte ein schwacher Luftzug aus Nord, im Uebrigen herrschte Windstille. Nach 6 Uhr hellte der Himmel auf, doch folgte bis zur Mitternacht noch dreimal heftiger Regen. Die folgenden Tage brachten wiederholt Regenschauer.

In diesem Beispiel finden wir die Hauptanzeichen für schlechtes Wetter, speziell für Gewitter gemeinsam auftretend. Der Stand des Barometers war schon am Tage zuvor unter dem Mittel. Das Barometer fiel 10^{mm} in 30 Stunden, Cirruswolken zogen schnell aus Süd bei starkem südöstlichen nach Süd umgehendem Winde.

Diese Art der Wetter-, resp. Gewitter-Ausbildung entspricht dem Vordringen von Theildepressionen in Richtung von Südwest nach Nordost, welche am Rande einer im Südwest oder West liegenden Depression auftreten. In den genannten Tagen zog die Depression von Süd-England nach Hamburg.

In ähnlicher Weise entstehen Regenfälle von geringerer Stärke, wenn die voraufgehenden Cirruswolken aus West bis Nordwest ziehen und wenn Wind und Wolkenzug schon im Anfang eine südwestliche, statt einer südöstlichen Richtung besitzen und nun nach West und Nordwest schwenken.

Es ist beobachtet, dass auch die Wendung des Windes von Süd nach Ost zur Ausbildung starker Gewitter geführt hat: doch ist nicht erkannt, welche Anzeichen im Voraus auf das Umgehen des Windes nach Ost oder nach West deuten.

3 u. 4. Gegensätze zu den beschriebenen Wetterlagen 1 u. 2.

Während hier Seite 15 und 16 angegeben wurde, wann auf Südwind schlechtes Wetter und auf Nordwind gutes Wetter folgt, müssen hier auch die Gegensätze, wann der Südwind leidlich gutes Wetter und der Nordwind schlechtes Wetter im Gefolge hat, hervorgehoben werden.

3. Leichter Südwind.

Es ist gesagt worden, dass starker Südwind schlechtes Wetter bringt, daraus lässt sich errathen und dies wird durch die Erfahrung bestätigt, dass schwacher Südwind selbst bei sehr tiefem Barometerstande, besseres Wetter bedingt, als nach dem Barometerstande erwartet werden könnte.

Am 19. December 1884 wehte z. B. in Hamburg sehr leichter Südwind, das Barometer stand schon seit einigen Tagen tief, an jenem Tage auf Sturm und Wind, nämlich auf 738^{mm}. Cirruswolken, welche strahlenförmig, perspektivisch im Südwest des Himmels zusammenliefen, zogen aus westlicher Richtung. Das Barometer fiel vom 18. December 6 Uhr Abends bis zum 19. December Mittags noch 7^{mm}. Anzeichen auf schlechtes Wetter waren also vorhanden; nach dem Barometer allein zu urtheilen, hätte schweres Unwetter folgen müssen. Dementgegen war aber der Wettercharakter zu träge. Der leichte Südwind wehte nun schon 20 Stunden, ohne an Stärke zu gewinnen. Mittelwolken bezogen wiederholt gruppenweise den Himmel, welche sich langsam bewegten. In der Nacht folgte nur etwas Regen, während der Wind sich nach Südost und Nordost drehte und auffrischte. In den folgenden 48 Stunden stieg das Barometer bis zum 21. December bei lebhaftem Nordost-Winde um 28^{mm}. Es folgten mehrere Tage mit meist ruhigem, trockenem Wetter, zeitweise fiel etwas Schnee, während leichter nördlicher Wind einen geringen Frost brachte.

Diese Witterungs-Entwickelung entspricht dem Vorübergange einer tiefen Depression im Südwesten des Beobachters, welche von Nordwest gegen Süd sich wendet, und der nachfolgenden Ausbildung hohen Druckes im Nordwesten des Beobachters. Im gegebenen Falle lag die Depression am 19. in der Nordsee, am 20. in Holland und am 21. schon in Italien.

4. Leichter Nordwind.

Wenn auf Südwind, welcher matt bläst, selbst bei sehr tiefem Barometerstande leidliches Wetter folgt, dann dürfen wir erwarten, dass dem Nordwinde, wenn derselbe schwach weht, auch die normale Eigenschaft, das ist hier aber die Eigenschaft «nachfolgend trockenes Wetter zu erzeugen», mangeln kann. Dies tritt zuweilen bei mittelhohem Stande des Barometers, zumal in Monaten April, Mai, Juni und Juli hervor. Wir haben gehört, dass die Rechtswendung des Windes von Nordwest nach Nord und Nordost gutes Wetter nach sich zieht. Dem entgegenstehend entwickelt sich nämlich schlechtes Wetter, wenn bei fallendem Barometer der Wind von Nord nach Nordwest oder West schwenkt, also eine Linkswendung vollführt. Während der Drehung selbst bleibt, nach Tafel II des Wetter-Compasses, die Witterung noch trocken, der Regen folgt aber, da alsbald der Wind wieder von West nach Nordwest und Nord zurückdreht.

Ferner folgt ergiebiger Regen, wenn nach voraufgehendem Westwinde, der Himmel sich trübt, Windstille eintritt und dann leichter Nordwestwind aufspringt.

Ein besonders scharf hervortretendes Kennzeichen dieser Wetter-Ausbildung ist schnell eilender Zug der oberen Wolken aus südlicher Richtung. Auch südöstliche und östliche Zugrichtung der Cirruswolken ziehen bei Nordwind Regen nach sich. Das Barometer verhält sich hierbei passiv, zuweilen steigt es vor dem Regen sogar etwas, bisweilen fällt dasselbe um einige Millimeter während desselben.

Beispiel zu 4.

Am Sonnabend, den 10. April 1886 war in Hamburg früh sonniges, schönes, warmes Wetter, das Barometer zeigte mittleren Stand, leichter Westwind wehte. Im Westen zeigten sich Einzelballen-Wolken, welche geringe Bewegung besassen. Der Himmel war im Westen blau, im

Osten durch Cirrusgewölk getrübt, welches schnell aus Süd, resp. Südsüdost zog. Zunächst stieg das Barometer noch ein wenig, als der Himmel aber ganz mit einem Cirrusschleier bedeckt war und dunkle Unterwolken in Form von losen, weich geformten mattfarbigen Ballenköpfen unstät aus West und Nordwest unter dem oberen Wolkenmantel sich zusammenzogen, begann das Barometer zu fallen. Abends 5 Uhr setzte der Regen ein. Nachts regnete es stark, am folgenden Sonntag schneite es in der Frühe bei lebhaftem Nordwinde. Vormittags fiel noch zuweilen Regen in Schauern, dann wendete sich der Wind nach Nordwest und West, welche Linkswendung, der Tafel II des Wetter-Compasses entsprechend, von trockenem Wetter und aufhellendem Himmel begleitet war. Da zugleich das Barometer nun stieg, war die Rückwendung des Windes, welcher soeben erst Nord gewesen war, wieder nach Nord nicht zu befürchten. Das Wetter blieb fast ganz trocken.

Gewöhnlich folgt der Schwenkung des Windes von Nord nach West nicht sogleich ein Steigen des Barometers, sondern es bleibt der Himmel bei nördlichem Winde bedeckt, eine Depression lagert über Deutschland und der Ostsee.

Im Monat Mai, zumal im Juni und auch noch im Juli entsteht auf diese Weise wohl jedes Jahr einmal eine Reihe schlechter nasskalter Tage. Jedem grösseren Landregen gehen dann wieder die aus Süd oder Ost ziehenden Cirruswolken, bei etwas auffrischendem Nordwest-Winde vorauf. Im April ist die Witterung eine schneller wechselnde und ist in diesem Monat Landregen bei nordwestlichem Winde von kürzerer Dauer.

Merkwürdigerweise entspricht diese Wetterart, welche durch Telegramme der Centralstationen nicht frühzeitig gemeldet werden kann, weil es sich um die Ausbildung von Depressionen am Orte selbst handelt, einer bestimmten stets wiederkehrenden Druck-Vertheilung und stets gleichen Erscheinungen am Wolkenhimmel. In diesem Spezialfall kann vornehmlich die Lokalbeobachtung die Wirksamkeit der Centralstationen in der Ueberwachung des Witterungszustandes unterstützen. Es handelt sich in Obigem, um die Entwickelung, resp. Vertiefung einer von Italien, oder Süddeutschland nach Norddeutschland und der Ostsee nordwärts ziehenden Depression. Bevor diese Regen bringende Depression aber deutlich erkannt werden kann, zeigt eine andere in der Nordsee fast unbeweglich still liegende Depression, Abnahme ihres Umfanges und ihrer Tiefe. Sie erzeugt noch einige Stunden abnehmenden Westwind und ziemlich heiteren Himmel, an welchem sich nur einige Ballenwolken zeigen, in jenen Gegenden, wo alsbald aus Südost sich der Himmel mit Cirruswolken bedeckt. Schnell steigt dann aber der Druck im Nordwesten, und am Orte, wo gestern die Depression lag, befindet sich heute ein Gebiet ziemlich hohen Luftdrucks, während die neu entstehende von Süden kommende Depression zur vollen Entwickelung gelangt ist.

Während hier beschrieben wurde, dass ein Zug der oberen Wolken aus Südosten bei Nordwinden zu Regenfall führt, muss hervorgehoben werden, dass dagegen ein Zug der oberen Wolken aus Nord oder Nordnordwest bei Nord-Winden keine Regengefahr anzeigt, sondern nur dann, wenn bei fallendem Barometer der Nordwind in Westwind, oder gar Südwest und Süd sich verwandelt und an Stärke zunimmt.

5. Es ist zu unterscheiden Regen in Schauern, oder stetig fallender Landregen. Regen bei Nordwest-Winden fällt meistens in Form von Einzelschauern, dagegen kommt bei West und Südwest ebenso häufig stetiger Landregen vor.

Eine wichtige Regel lautet nun: Je anhaltender und stetiger Regen bei 3 oder mehr Millimeter steigendem Barometer fällt, desto besseres und beständigeres Wetter ist morgen und in den folgenden Tagen zu erwarten. Regen-Schauer mit Windstössen (Böe genannt) sind bei Südwest- und West-Winden ein Anzeichen, dass die Witterung keineswegs beständiger wird, sondern zu erneuertem grossen Regenfall und verstärktem Winde sich vorbereitet.

Mit diesen Ausführungen sind die Haupt-Wettergestaltungen beschrieben. Der Beobachter wird an der Hand des Wetter-Compasses nach der Drehung des Windes sich orientiren und aus den gegebenen Regeln für Umgestaltung des Wetters nicht allein für den laufenden Tag, sondern auch darüber hinaus Schlussfolgerungen mit erheblicher Sicherheit ableiten, wo immer wirklich ein Witterungs-Wechsel von Bedeutung sich vollzieht.

F. Die Entstehung des Regens und anderer atmosphärischer Niederschläge.

Ueber die Entstehung des Regens tauchen noch oftmals Ansichten auf, welche den wahren Vorgängen nicht entsprechen, oder sich nur auf solche Vorgänge beziehen, die in verschwindend geringer Weise zur Entstehung von Wolken und Regen beitragen können.

Die verkehrteste aller Vorstellungen über die Entstehung von Wolken und Regen, ist das Märchen von dem fallenden feuchten Südwest-Passate der oberen Luft-Regionen. Es soll in der Höhe warme Luft polwärts treiben, in unseren Breiten niederfallen und durch Erkaltung die Feuchtigkeit ausscheiden. Diese Hypothese stellt alles immer gerade auf den Kopf, denn Luft in grosser Höhe ist selbst am Aequator nicht warm, sondern eiskalt, sind doch auch dort Bergeshäupter mit ewigem Schnee bedeckt. Luft, welche so hoch schwebt, enthält nur sehr wenig Feuchtigkeit, weil sie kalt und dünn ist; sie hat früher, da sie, von der Nähe des Erdbodens emporsteigend, erkaltete, den Feuchtigkeits-Gehalt als Regen ausgeschieden. Wenn diese Luft in unsere Gegenden gelangt und herabfällt, wird sie während des Fallens erwärmt, weil sie in stärkeren Luftdruck gelangt. Es ist eine bekannte Eigenschaft aller Gase, sich bei stattfindender Zusammendrückung zu erhitzen. Die also erwärmte Luft ist nun im Stande Wasser zu verdampfen d. h. Feuchtigkeit in sich aufzusaugen, sie wirkt trocknend auf alle Körper ein d. h. die Luft ist trocken. Ein solch' herabsinkender Strom besteht aus reiner klarer Luft. Reicht der fallende Strom bis zur Erdoberfläche herab, so veranlasst er helles, sonniges Wetter.

Ueber die Hauptursache der Regenbildung haben die Fachmänner sich geeinigt. Die Meteorologie lehrt: Regen entsteht, wenn Luft aufwärts in die oberen kalten Regionen der Atmosphäre empordringt. Daselbst erkaltet die Luft und die in den Poren der Luft unsichtbar mitgeführte Feuchtigkeit verdichtet sich daher dort zu Wolken und Niederschlägen. Das Steigen der Luft geschieht gewöhnlich nur sehr langsam, z. B. erzeugt ein Wind, welcher in jeder Secunde nur $^1/_{10}$ Meter ansteigt, schon bedeutenden Regen, wofern diese steigende Bewegung mehrere Stunden ununterbrochen fortdauert und eine Luftschicht von Tausend oder mehreren Tausend Metern Höhen-Erstreckung daran theilnimmt. Da mässiger Wind schon 10 Meter horizontaler Geschwindigkeit pro Secunde besitzt, geschieht das Ansteigen der Luft bei Regenwetter gewöhnlich auf sehr schwach geneigter Bahn. Nur bei Wind- und Wasserhosen resp. den amerikanischen Tornados dürften bedeutendere Vertikalgeschwindigkeiten vorkommen.

Ausscheiden von Feuchtigkeit ohne ein Emporsteigen von Luftmassen führt zu Nebelbildungen und höchstens zu unbedeutenden, staubfeinen Niederschlägen. Hier entsteht die zur Ausscheidung der Feuchtigkeit nöthige Abkühlung der unteren Luftschichten durch die sogenannte Ausstrahlung, das ist eine Abgabe der Wärme durch Strahlung an den kalten Weltenraum, welche stets bei heiterem Himmel stattfindet. Die Ausstrahlung kommt im Sommer nur Nachts und früh Morgens zur Geltung, am Tage erhöht die erwärmende Kraft der Sonne die Temperatur. Nebelbildungen kommen daher im Sommer fast einzig in den Nacht- und den frühen Morgenstunden vor. Im Winter erfahren westliche Winde, welche, von der See kommend, warm uud feucht sind, fast stets über dem Lande Abkühlung und geben dann zur Nebelbildung an den Küsten Veranlassung. Süd- und West-Winde bringen im Winter nur dann heiteren Himmel hervor, wenn die Luftströmung sich nicht horizontal bewegt, sondern durch abwärts sinkende Bewegung trockene Luft aus der Höhe zugeführt wird.

Wir finden aus obigen Betrachtungen, dass die durchschlagende Ursache der Bildung von Wolken und Niederschlägen in dem Auftreten emporsteigender Luftbewegung erkannt worden ist und deshalb veranlasst uns dieser Umstand diejenigen Verhältnisse aufzusuchen, deren Zusammenwirken eine Entstehung aufsteigender Luftströme herbeiführt. Diese Bestrebungen bilden einen Gegensatz zu den meisten Arbeiten der Meteorologen, welche den aufsteigenden Luftstrom in ihren Abhandlungen als etwas Gegebenes, Selbstverständliches voraussetzen, und daraus theoretische Folgerungen entwickeln, während es sich in der That immer klarer zeigt, dass die Entzifferung der Ursachen für das Aufsteigen und Fallen der Luft die Hauptschwierigkeit bietet. **Es ist der Ausspruch berechtigt, dass die Erweiterung und Vertiefung der Wissenschaft „der Meteorologie“ im Wesentlichen von der Klarstellung dieser Beziehungen abhängt. Hier sind die wahrhaft obwaltenden Verhältnisse zu studiren.**

Die Entstehung aufsteigender Luftströme.

In Gebirgs-Gegenden bietet der ansteigende Berges-Rücken dem Winde eine Führung und leitet die Luft aufwärts, wenn der Wind gegen die Berglehne bläst. Ist der Kamm überstiegen, fällt die Luft hinab in's jenseitige Thal. Der Wind, vom Thale kommend, bedingt also, als steigender Strom, Wolken und Regen, während der Wind, welcher vom Berge in's Thal hinabdringt, heiteren Himmel, ja sogar hohe Temperaturen erzeugt, denn so gross ist die Erwärmung der Luft bei dem Niedersteigen, dass durch Zusammendrückung derselben ein Wind von 5 Grad Celsius Frost-Kälte, vom Alpenkamm ausgehend, in 2000 Meter Tiefe schon seine Temperatur auf 15 Grad Wärme gesteigert hat. Im Winter ruft diese Erscheinung das plötzliche Thauen der Schneemassen und somit Lawinen-Sturz hervor. Diese Windart ist unter dem Namen Föhn als gefährlicher Gebirgs-Sturm bekannt.

Ganz anderer Art als im Gebirge, sind die Verhältnisse, welche in der Ebene den Regen d. h. den emporsteigenden Luftstrom herbeiführen.

Für den Sommer lässt sich die Entstehung steigender Luftströme aus dem Bestreben der unteren warmen Luft emporzusteigen ableiten, während zur kalten Jahreszeit keine warmen Luftschichten in der Tiefe vorhanden sind, welche vermöge ihres Auftriebes empordringen könnten. Es giebt allerdings eine Reihe von Hypothesen, nach denen warme und zugleich feuchte Luft die Tendenz haben soll, gelegentlich, wie der heisse Rauch eines Schornsteines empor zu steigen, weil feuchte Luft in der Höhe während der Bildung von Wolken und Regen durch die Condensation der Dämpfe einen Wärmegewinn erfährt und daher auf dem Wege aufwärts nicht so schnell erkaltet, als wenn die aufsteigende Luft trocken gewesen wäre; aber diese Beweisführung steht auf schwachen Füssen; denn die andere umgebende Luft der Höhe ist auch einmal bei Regen und Wolkenbildung aufwärts gestiegen und liegt gar kein Grund vor anzunehmen, dass dieselbe kälter sein sollte als die nun neu emporsteigende Luft. Fällt aber der Wärme-Ueberschuss im aufsteigenden Strom fort, dann ist diese ältere Erklärung eine irrige Hypothese. — Allerdings kann in Ländern mit besonders feuchtem und warmem Klima und zwar im Sommer eine solche Temperatur-Vertheilung „warm unten, verhältnissmässig kalt oben“ zum Ausbruch von Gewittern, Windhosen und Tornados und vielleicht auch Teifunen führen, nicht aber kann diese Ursache in unseren Wintern als Hauptursache der Bildung von Wolken und Niederschlägen anerkannt werden. In den gemässigten Zonen ist vielmehr die Wetter-Gestaltung das Resultat weitaus verwickelterer atmosphärischer Zustände.

Ueber aufsteigende Luftströme, welche in den gemässigten Zonen die Bildung von Wolken und Regen veranlassen.

In der Wissenschaft ist man bislang dabei stehen geblieben, die Erklärung der aufsteigenden Luftströme in der soeben erörterten Weise auf vertikale Gleichgewichts-Störungen, durch Ueberhitzung der unteren Luft veranlasst, zurückzuführen; obwohl von den bedeutendsten Fachmännern wiederholt ausgesprochen ist, dass diese Erklärung nicht recht haltbar sei. An diese Aeusserungen anknüpfend, sei hier eine neue Beziehung zwischen Luftbewegung und Wetter-Ausbildung mitgetheilt, welche zur Aufzeichnung des Wetter-Compasses geführt hat.

In gemässigten Zonen entstehen durch horizontale Temperatur-Unterschiede, wie sie namentlich zwischen den Meeren und den Continenten häufig vorkommen, Unterschiede im Luftdruck an zwei horizontal von einander entfernt liegenden Orten. Diesen Druck-Differenzen oder Gefällen folgend, geräth die Luft in Bewegung und entstehen also die Winde. In der Nähe der Erdoberfläche werden die Winde stets durch den Widerstand, welchen dieselben an der rauhen Erdoberfläche erfahren, gehemmt und nimmt daher die Luft hier nicht so grosse Geschwindigkeiten an, wie in hohen Regionen der Atmosphäre, wo die Luft leichter dahinfliesst.

Die also bewegte Luft braust mit gewaltiger Energie daher; denn die Luftmasse ist sehr bedeutend; besitzt doch eine Luftsäule von nur 1 Quadratmeter Grundfläche, deren Höhe bis an die Grenzen der Atmosphäre reicht, 10000 Kilogramm Gewicht. Zum Transporte einer Last gleich dem 10. Theile des Gewichtes der ganzen Luftmasse auf Eisenbahn-Wagen, wäre Gleis neben Gleis auf der ganzen Erdoberfläche und Wagen hinter Wagen ohne Zwischenraum auf jedem Gleise erforderlich. Und das Zehnfache an Masse, welche diese Last darstellt, schiesst mit der Geschwindigkeit des Eisenbahnzuges oder noch schneller dahin, erfährt Ablenkungen in seiner Bahn, beschreibt Bogenlinien oder gar Kreisfiguren und steigt und fällt dabei, je nachdem die Kräfte der Erhaltung der Richtung die Luft aufwärts oder abwärts führen. Es will der entfesselte Sturm, seiner eigenen Kraft folgend, geradeaus vorwärts eilen. Die in 24 Stunden um ihre eigene Achse rotirende Erde trägt nun aber den Wind an andere Orte des Weltenraumes, und während jetzt eben der Wind eine Bewegung besitzt, welche gerade der Erdoberfläche folgt, wird dieselbe Bewegungsrichtung, durch die Drehung der Erde auf die andere Seite der Erde versetzt, von der Oberfläche sich abheben und, schräge aufwärts steigend, in den Ocean der Atmosphäre emporschiessen. Nicht die Bewegungsrichtung des Windes hat sich alsdann im Weltenraume geändert, sondern die Erdoberfläche ist es, welche eine andere Lage angenommen hat.

In den No. 79, 81, 84, 89 und 99 des Jahrganges 1885 der deutschen Bauzeitung findet sich der erste Versuch zur theoretischen Entzifferung dieser Beziehungen veröffentlicht. Später wird ausführlicher gezeigt werden, weshalb die horizontalen Winde bei ihrer

Wendung von Süd in West und Nord zeitweise schräge aufwärts fahren und Regen bringen, zeitweise aber bei ihrer Wendung von Nord in Ost und Süd herabfallen und heiteres Wetter veranlassen müssen. Doch ist es besser, die weitere Veröffentlichung von solch' theoretischen Untersuchungen zurückzuhalten, bis die Richtigkeit derselben im Einzelnen von mehreren Fachmännern anerkannt worden ist.

Die vorstehend gegebenen praktischen Resultate, welche im Wetter-Compass zur Darstellung gelangt sind, bedürfen aber keines theoretischen Beweises, denn die Erfahrung bestätigt die Richtigkeit derselben.

FSC
www.fsc.org
MIX
Papier | Fördert gute Waldnutzung
FSC® C083411

Kolibri 360 GmbH
Ferdinand-Jühlke-Straße 7
99095 Erfurt, Deutschland
produktsicherheit@kolibri360.de